Hani Mansour
Mohamed Abd El-Hady

Sistemas de rega modernos e o seu papel na maximização da produção agrícola

Hani Mansour
Mohamed Abd El-Hady

Sistemas de rega modernos e o seu papel na maximização da produção agrícola

ScienciaScripts

Imprint

Any brand names and product names mentioned in this book are subject to trademark, brand or patent protection and are trademarks or registered trademarks of their respective holders. The use of brand names, product names, common names, trade names, product descriptions etc. even without a particular marking in this work is in no way to be construed to mean that such names may be regarded as unrestricted in respect of trademark and brand protection legislation and could thus be used by anyone.

Cover image: www.ingimage.com

This book is a translation from the original published under ISBN 978-620-2-09471-9.

Publisher:
Sciencia Scripts
is a trademark of
Dodo Books Indian Ocean Ltd. and OmniScriptum S.R.L publishing group

120 High Road, East Finchley, London, N2 9ED, United Kingdom
Str. Armeneasca 28/1, office 1, Chisinau MD-2012, Republic of Moldova, Europe
Printed at: see last page
ISBN: 978-620-7-97007-0

Índice

Introdução

Nos últimos anos, o Egito tem vivido uma grave crise de escassez de água devido à má utilização dos seus recursos hídricos, à má distribuição da água e à utilização da irrigação de formas ineficientes que não se baseiam em técnicas científicas para a sua exploração. Isto conduz a uma situação muito perigosa para reduzir a segurança da água no Egito. **Dakkak (2016)** relatou que, devido ao défice anual de 7 mil milhões de m^3 , as Nações Unidas já avisaram o Egito de que poderá estar a implementar água em 2025 devido à negligência dos seus recursos hídricos, especialmente a artéria principal do rio Nilo.Acrescentou que o aumento alarmante da população no início da década de 1990 aumentou 41% e que o governo do Egito informa que são acrescentados à população cerca de 4 700 novos nascimentos por semana. Os especialistas salientaram que a população atual do Egito é de 92 milhões e prevêem que a população aumente em 2025 para 110 milhões de pessoas, o que aumentará as necessidades de água. O tempo é como a irrigação por inundação, em que grandes quantidades de água são adicionadas às culturas. Além disso, os mais de 27 000 km de canais de irrigação principais e secundários que se estendem no Egito até às zonas agrícolas, tanto no vale como no delta ou no deserto ocidental e no deserto oriental, provocam a perda de mais de 3 mil milhões de metros cúbicos de água devido à evaporação.

O desenvolvimento da irrigação começou realmente no Egito na era de Muhammad Ali, no final do século XIX, onde ele criou arcos e torneiras no rio, canais e reservatórios para regular e gerir o rio Nilo no Egito, e começou a usar o sistema de irrigação de bacias através dos canais e ramos do rio, e as máquinas de irrigação desenvolveram-se depois de o homem egípcio ter utilizado máquinas manuais, tendo-se tornado dependente dos animais na condução dos cursos de água e dos pistões e, no século passado, após a purificação do petróleo e dos seus derivados e a invenção das máquinas a gasóleo, substituiu as ferramentas dos animais pelos motores a gasóleo para a irrigação, para manter as bacias e a irrigação de superfície por sulcos. Em meados do século passado, a barragem alta é o início do controlo da rede de irrigação no Egito, pelo que desempenhou um papel importante na produção agrícola no vale e no delta, tendo-se iniciado no final do século passado o desenvolvimento da irrigação moderna, o aparecimento da irrigação melhorada em tubos lavrados, a irrigação por pressão e a irrigação local em gotas. O desenvolvimento da irrigação e da recuperação do deserto e o aumento da produção agrícola no rendimento nacional egípcio começou porque o Egito iniciou uma nova fase de grande produção agrícola, para os egípcios, mas é exportada para muitos países do mundo.

Atualmente, os modernos modelos de simulação utilizados para melhorar a produção agrícola, têm um papel importante na melhoria da aplicação da água e da produtividade das culturas, os modelos de simulação baseiam-se em bases de dados (chamados inputs) e são executados pelos utilizadores e a sua função é processar esses dados e calcular as equações muito rapidamente para prever o que será feito em todos os sectores da vida, uma vez que se relacionam com aplicações práticas em sistemas agrícolas avançados. **Steduto, *et al.*, (2009) e Boote *et al.*, (2003).**

Finalmente, até 2020, o Egito consumirá mais 20% de água do que consome atualmente. Prevê-se que o clima se torne mais seco na zona onde se situa o Egito e que as ondas de calor sejam mais influentes nesta região. Por conseguinte, temos de procurar todos os meios que forneçam água e fertilizantes e que, ao mesmo tempo, desempenhem um papel na atribuição da produtividade e o desenvolvimento destes sistemas continua a ser a preocupação da maioria dos cientistas nos países que sofrem de pobreza hídrica.

Resumo:

Este livro é um grande trabalho científico e de investigação muito útil para especialistas em irrigação agrícola e inclui o seguinte: A primeira parte sobre os sistemas de irrigação explica a evolução dos sistemas de irrigação ao longo da história. Aborda o perfil dos métodos tradicionais de irrigação e as suas fases de desenvolvimento até serem examinados na sua forma atual. Explica as vantagens dos sistemas de rega avançados e alguns dos problemas que afectam a eficiência da sua utilização, e explica os componentes dos sistemas de rega avançados e os tipos de sistemas de rega gota-a-gota. Explicou também a possibilidade de desenvolver sistemas de irrigação modernos, e que tem a vantagem de ter a flexibilidade de aceitar o desenvolvimento dos mesmos, se for necessário, e explica algumas aplicações, como a fertilização através da irrigação, e estuda também os custos económicos. A segunda parte é dedicada à produção de culturas agrícolas. Explica os factores específicos do processo de produção agrícola; a seleção do sistema de irrigação e os factores que influenciam esta seleção e explica a importância da utilização de sistemas de irrigação para reduzir os danos das alterações climáticas. A terceira e última secção sobre modelação e simulações aborda dois tipos de modelos de simulação, o primeiro é o Hydrocalc (versão americana) e é utilizado na conceção de sistemas de rega avançados no terreno. O segundo modelo de simulação (AquaCrop) é utilizado na previsão da produção de culturas em diferentes condições.

Nomear os grupos-alvo para os quais o livro foi escrito:

1- Sistemas de irrigação

2- Produção de culturas agrícolas

3- Modelação e Simulação

Capítulo 1. Sistemas de irrigação

1.1. Sistemas de irrigação tradicionais

Os métodos de irrigação no antigo Egito começaram com a irrigação tradicional por inundação e sulco, utilizando equipamentos manuais como o Shadouf e o Tanbor, Figuras (1, 2 e 3), e depois desenvolveram-se ligeiramente com a utilização de animais no maneio do pistão e do bezerro e, finalmente, com as máquinas de irrigação a gasóleo, que se baseiam em derivados do petróleo como o gasóleo e a gasolina para o seu funcionamento. Estes métodos foram utilizados para a irrigação tradicional em Wadi e no Delta dos métodos tradicionais de irrigação e linhas de irrigação, que iremos explicar.

1.1.1. Irrigação por inundação

Na irrigação por inundação, Figura (1), os limites das bacias regulares e planas são estabelecidos para a irrigação de plantas densas de pequenos cereais, como o arroz, o trigo, algumas culturas frutícolas e algumas culturas forrageiras. Podem ser utilizadas em solos pesados e são proibidas de serem utilizadas em solos arenosos **(Walker, 1989)**

1.1.2. Irrigação por sulcos

Irrigação por sulcos Figura (2), Neste método, as linhas são feitas usando equipamento de tração e maquinaria agrícola. As plantas são plantadas de modo que um lado ou os dois lados das linhas.**Rogers, (1995), Yonts e Eisenhauer (2007) e Rogers e Sothers, (1995).**

1.1.3. Inundação e sulco desenvolvidos por sistema de tubos fechados

No sistema de irrigação com comportas, Figura (4), os canais de irrigação secundários abertos foram substituídos por tubos metálicos com comportas controladas, de modo a que as quantidades de água sejam dadas para a bacia ou diretamente para as linhas de irrigação de superfície.

Layei et al. (1993) estudaram o efeito dos métodos e níveis de irrigação na produção e qualidade de sementes de tomate híbrido e descobriram que a produção de sementes obtida com a irrigação por sulco foi significativamente menor do que a obtida com a irrigação por balde e gotejamento. A irrigação por sulco também resultou em maior proporção de frutos que mostraram um sintoma de flor e podridão. Em solo argiloso, a irrigação por balde e por gotejamento proporcionou um peso de frutos e uma produtividade de sementes significativamente maior do que a irrigação por sulco.

Charles (1995) referiu que o espaçamento entre sulcos é fácil de ajustar quando os sulcos são utilizados para regar culturas permanentes, como árvores ou vinhas, e o número de sulcos/linha pode ser variado. O mesmo efeito pode ser conseguido através da irrigação de dois em dois sulcos em culturas em linha quando se pretende infiltrar uma pequena profundidade de água durante uma irrigação.

Figura 1: Irrigação por inundação

Figura 2: Irrigação por sulcos

Utilização dos métodos manuais na irrigação

Utilização dos animais na irrigação

Utilização de motores diesel na irrigação

Figura (3) Equipamento dos sistemas de rega tradicionais

Figura (4) Irrigação de superfície modificada através da utilização de um tubo fechado

1.2. Desenvolveu sistemas de irrigação:

1.2.1. O sistema de irrigação por pivô central:

O sistema de rega por pivô central Figura (5) pode cobrir uma grande área, quer o movimento seja axial ou circular (lateral) e é caracterizado por um elevado grau de uniformidade, **New e Fipps, (2000)**

e King e Kincaid, (1997).

1.2.2. Sistema de rega de rotação lateral:

O sistema de aspersão móvel com rodas na Figura (6) e aqui o tubo é o mesmo que o eixo das rodas e pode ser ligado para se estender até ao comprimento de 1320 pés, cerca de 450 metros, **Hill, (2000).**

1.2.3. Sistemas de fixação sólida ou de movimento manual

O sistema de rega por aspersão semi-portátil Figura (7) é constituído por tubos de alumínio ligados entre si e por um dispositivo de pulverização com pistolas automáticas. Pode ser deslocado à mão de um local para outro de acordo com a necessidade de irrigação, **Evans e Sneed, (1996).**

1.2.4. Método de irrigação por pistola de deslocamento:

Irrigação por Pistola Itinerante Figura (8), Este método é caracterizado pelas vantagens da mobilidade, pois é movido sobre uma roda onde não necessita de um grande número de trabalhadores, pois é muitas vezes o mesmo movimento durante a irrigação e cobre uma área muito grande até 300 pés, cerca de 100 metros e é caracterizado por trabalhar em campos irregulares, **Clemson University Extension, (2007) e Tyson e Oakes (1995).**

1.2.5. Classificação dos sistemas de irrigação, Solomon, (1998):

Sistemas de irrigação:

1-Irrigação por inundação dividida para:

Irrigação por bordadura. Irrigação por sulcos, irrigação por bacias e irrigação por sulcos curtos.

2-Mover a irrigação dividida para:

Irrigação por pivô central, irrigação por movimento inclinado e irrigação por canhão móvel

3-Irrigação estática dividida em:

a- Irrigação por aspersão dividida para:

Irrigação permanente e portátil

b-Micro irrigação:

Irrigação por gotejamento, irrigação por microaspersão e irrigação por mini-aspersão

1.2.6. Sistema de rega gota a gota:

Sistema de rega gota a gota Figura (9), O sistema de rega é o sistema de rega mais eficiente, tanto em termos de água como de energia. Fornece até 50% de água em comparação com o sistema de aspersão. Também requer até 25% da energia necessária para a rega por aspersão e a rega gota-a-gota. A água de forma optimizada para a raiz ajuda a reduzir a fuga de água do lençol freático e a minimizar a evaporação da água onde a água não é pulverizada no arShock, **(2006), Lamont et al., (2002), Haman e Smajstria, (2010) e Schultheis, (2005)**

1.2.6.1- A história da rega gota-a-gota

A ideia do gotejamento como meio de irrigação partiu da observação da vida nómada no deserto, onde os beduínos mantinham a pouca água disponível a uma temperatura relativamente baixa, utilizando a cerâmica que ajuda a reduzir a temperatura da água no seu interior, uma vez que alguma água se evapora dos poros da cerâmica.

A ideia foi desenvolvida quando utilizada na irrigação das cabanas agrícolas em Inglaterra, em 1940, e depois utilizada em campo aberto em muitos países, como a Austrália, os Estados Unidos, o México e alguns países da bacia mediterrânica, incluindo o Egito

A área de irrigação por gotejamento nos desertos egípcios está a aumentar a um ritmo elevado. A irrigação por gotejamento começou no Egito em 1974 com a primeira máquina local que funciona a baixa pressão, numa experiência para cultivar ervilhas e abóboras numa área limitada.

Figura 5: Sistema de rega por pivot central. Figura 6: Irrigação por rolo lateral Sistema

Figura 7: Sistema de conjunto sólido ou de movimento manualFigura   8: Irrigação por

Arma de viagem

Figura 9: Sistema de irrigação por gotejamento de superfície

Figura 10: Sistema de irrigação por gotejamento subsuperficial

1.2.6.2- Definição de sistema de rega gota-a-gota

É o sistema em que a água é adicionada ao solo diretamente em quantidades próximas da capacidade de campo, que é o intervalo adequado para o crescimento da planta, sob a forma de pequenas gotas para a zona radicular das plantas e a rega gota-a-gota única que hidrata apenas uma parte do solo e mantém as outras partes secas durante toda a época e resulta desta hidratação parcial benefícios e alguns problemas.

1.3. Vantagens e benefícios da irrigação por gotejamento

1- Aumenta o aproveitamento da água do facilitador e Favorece o crescimento das plantas e aumenta o rendimento

2- Reduz o problema da salinidade do solo e o seu impacto na planta, a capacidade de utilizar água salina na rega gota a gota e melhora a utilização de fertilizantes e outros produtos químicos

3- - Reduz o número de trabalhadores necessários para a irrigação

4- A energia utilizada é inferior à de outros sistemas de rega em que é utilizada uma fonte de energia, como a rega por aspersão

5- Melhora as operações agrícolas e reduz o crescimento de ervas daninhas e as operações de serviço de irrigação podem ser efectuadas

6- O sistema pode funcionar de forma totalmente automática

7- Cerca de metade a dois terços da quantidade de água necessária para a rega é utilizada pelo sistema de aspersão

8- Reduz a incidência de doenças fúngicas porque não molha as folhas 9- Adequado para o cultivo de áreas desérticas e a planta é paga pela floração precoce

10- Pode ser utilizado em áreas não planas com uma topografia natural que não é adequada para a irrigação de superfície (porque o assentamento requer custos adicionais significativos)

11- Reduz o processo de erosão do solo e os factores de erosão e erosão devido à falta de fluxo de água

12- Reduz a perda de água, quer por filtração profunda quer por escoamento superficial

13- No caso de pequenas árvores (como a cultura da uva em Gore), podem ser fornecidas grandes quantidades de água em comparação com os sistemas de irrigação de superfície que molham mais do que a área necessária

14- - A irrigação contínua diária funciona para preservar a concentração da solução do solo mais diluída

1.4. Problemas e condicionalismos:

Embora a rega gota-a-gota tenha múltiplos benefícios, é acompanhada de muitos problemas (e como tratá-los) e resumidos a seguir: 1- Danificação dos tubos de plástico por alguns roedores (ratos) pode (tratamento de mudança) e problema de pontos entupidos (tratamento de manutenção periódica todos os meses no máximo)

2- acumulação de sais junto das plantas (tratadas com rega suplementar para lavagem dos sais)

3-Os custos de investimento no início serão elevados, bem como os custos de mão de obra e de manutenção mais elevados do que noutros sistemas modernos

1.5. Componentes do sistema de irrigação pressurizado:

Mansour (2006) afirmou que o sistema de rega gota-a-gota é composto por várias partes, como se pode ver na Figura (11):

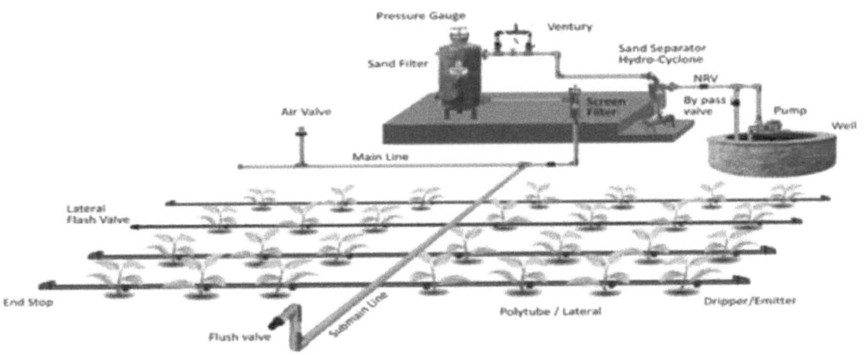

Figura 11: Componentes do sistema de rega gota-a-gota

Os componentes do sistema de rega gota-a-gota são os seguintes: 1-Motor da bomba, 2-Unidade de controlo principal: Cabeça de controlo, 3-Linha principal, 4-

Linha subprincipal,

5-Linhas de distribuição (Sub-secções) Laterais, e 6-Emissores:

1.6. Tipos de emissores:

1.6.1. Gotejadores incorporados, Figura (13)

1.6.2. Gotejadores em linha, Figura (14)

1.6.3. Alguns tipos comuns de gotejadores são os seguintes

1-Esparguete (micro-tubos) Micro-tubos

2-Pontos integrados: Distribuidor integrado

3 Microtubos pré-enrolados

4-Pontos com corredores em espiral a partir do interior Distribuidor interno em espiral / labirinto:

1.6.4. Emissor de microjactos (mini aspersores):

Estes pontos dão a quantidade de água necessária para a planta, de modo que a humidade é publicada na direção inferior muito mais do que na direção horizontal, especialmente nas terras claras. Para obter uma distribuição horizontal razoável nestes terrenos, o número de pontos deve ser aumentado, e são utilizados pequenos aspersores em vez de pontos para ultrapassar este problema. Ligado diretamente à linha de distribuição ou através de uma ligação flexível curta que é instalada numa abertura que funciona na linha de distribuição

Como funcionam os pequenos aspersores:

Estes tipos de Micro-jato requerem uma pressão de funcionamento que varia entre 0,5-5 pressão de ar, correspondendo ao comportamento de 27-130 litros/hora, e este comportamento é significativo em comparação com a eliminação de pontos, mesmo se a taxa de 4 pontos da árvore cada um de 2 - 4 litros / Este comportamento elevado requer ou o aumento do diâmetro do tubo de distribuição ou a redução do número de distribuidores na linha. Assim, pode utilizar os seguintes números como guia para a relação entre o diâmetro da linha de distribuição e o número máximo de distribuidores a instalar na mesma

1.6.5. Emissor de bolhas:

A rega por borbulhagem é muito sensível a alterações na pressão de ar e uma fonte de pressão constante é essencial para um pomar ou plantação comercial. Uma mudança na altura manométrica na entrada do sistema resulta numa aplicação não uniforme em cada saída. Ele descobriu também que a altura manométrica de um metro é muito pequena e que pequenas mudanças na altura manométrica podem ter um efeito marcante no caudal, que é fixo quando o sistema é instalado e não é facilmente alterado. **Larry (1988)** mostrou que no sistema de irrigação com borbulhador a água é aplicada à superfície da terra como um pequeno fluxo. **Habib e El-Awady (1992)** afirmaram que a variação do diâmetro e/ou comprimento do tubo e/ou a utilização de uma válvula para cada borbulhador numa linha lateral longa controla a uniformidade da descarga do sistema de rega por borbulhadores. **Yitayew et al. (1994)** mostraram que o nome desse sistema de borbulhador de baixa altura é derivado da fonte de água que sai das mangueiras, e do ruído de borbulhamento feito quando o ar escapa da tubagem quando o sistema é ligado. **Yitayew e Reynolds (1997)** compararam o sistema de rega com borbulhador de caudal gravítico de baixa altura que é normalmente utilizado para culturas arbóreas. O sistema de borbulhador tem uma vantagem definitiva na poupança de custos, para além da redução do consumo de água e de uma uniformidade de distribuição de água igual ou melhor.

É a mesma ideia que um tubo de esparguete, mas não está horizontalmente no solo, mas é colocado como um tubo vertical fixado ao tronco da árvore ou a um simples suporte. A taxa de escoamento é controlada por: 1- Diâmetro do tubo de gotejamento que é a saída de água, 2 - Ajuste da altura do tubo verticalmente a partir da superfície do terreno, especialmente nos terrenos com declive, 3 - controlo do diâmetro e da altura de cada tubo.

Este sistema é adequado para quintas de uva e outros pomares, onde o tubo pode ser instalado com o condutor necessário a uma pressão de funcionamento constante, como na Figura (15). Este sistema não é bloqueado de todo, o que garante a distribuição da humidade sem problemas e reduz a necessidade de manutenção

O controlo é efectuado através da escolha de um tubo de diâmetro ou de um encaixe de válvula ou da regulação da altura do tubo

A figura (12) ilustra um modelo de dois tipos de Micro-jato e é bastante adequado para a irrigação de viveiros, quintas de fruta e uvas

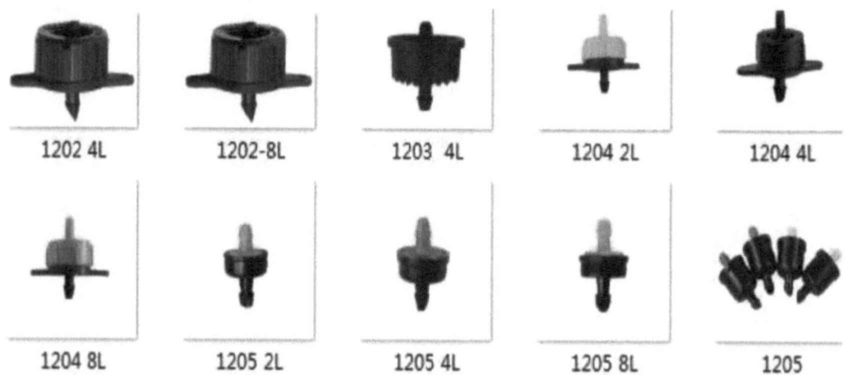

Figura (13) Gotejadores em linha

Figura (14) Raspadores incorporados

Figura (15): Sistema de rega por borbulhagem onde existe um ligeiro declive na superfície do solo

1.7. Possibilidade de alteração (Em desenvolvimento)

1.7.1. Sistemas de rega de cabeça baixa

Existem vários estudos para a conceção e desenvolvimento de sistemas de rega localizada de baixo consumo energético **Figura (14, 15 e 16)** para efeitos de utilização e funcionamento por baixo consumo energético ou sem potência de funcionamento. Este sistema prevê a gravidade e o peso da coluna de água como pressão anti-estática para sistemas de rega localizada.

Behoteguy e Thornton (1980) definiram o sistema de borbulhamento como um tipo de irrigação por gotejamento que tipicamente fornece vazões de 2 a 4 litros por minuto através de um tubo de polietileno (P.E) de pequeno diâmetro ligado a um tubo corrugado (P.E) de grande diâmetro (lateral enterrado). A rega uniforme é conseguida enchendo pequenas bacias ou canais com quantidades iguais de água, como se mostra na Fig. (14). O sistema de rega com borbulhador de baixa altura manométrica funciona a baixa pressão, variando aproximadamente entre 0,3 e 1 metro de altura manométrica, utilizando um tubo lateral de 38,1 a 120 mm de diâmetro (P.E.). Eles indicaram que as vantagens do sistema de irrigação por borbulhamento incluem baixa manutenção do equipamento de irrigação, maior uniformidade de aplicação de água do que a irrigação por sulco ou inundação, redução da água residual, capacidade de aplicar nutrientes com mais precisão à árvore e menor taxa de aplicação de água. Acrescentaram que o sistema de rega por borbulhagem tem a vantagem de ser adaptável ao sistema de distribuição por condutas existente.

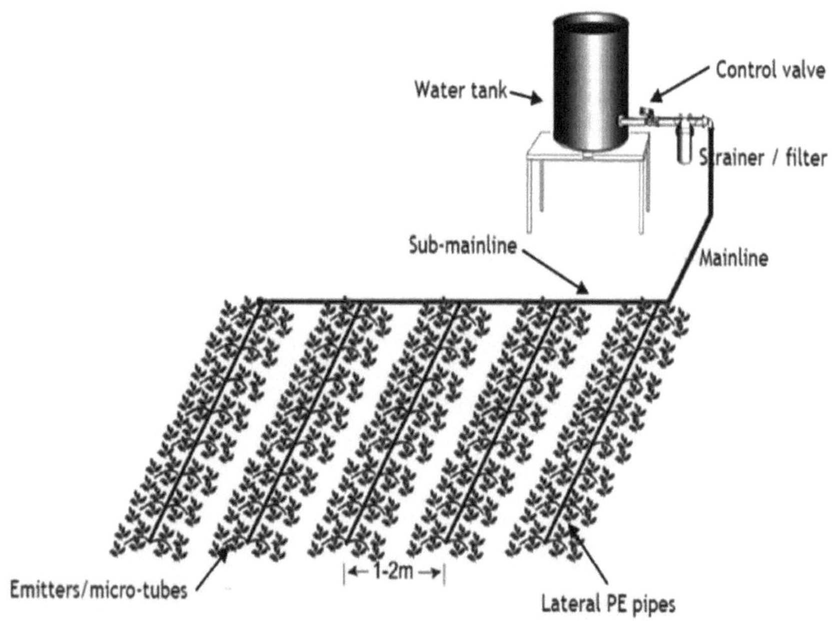

Figura (14) Modificação de microtubos de irrigação de cabeça baixa

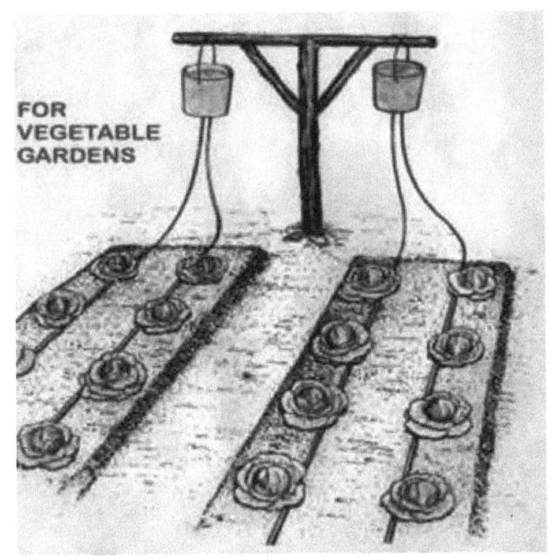

Figura (15) Modificação do sistema de irrigação por gotejamento de cabeça baixa com o suporte do tanque de água para a horta

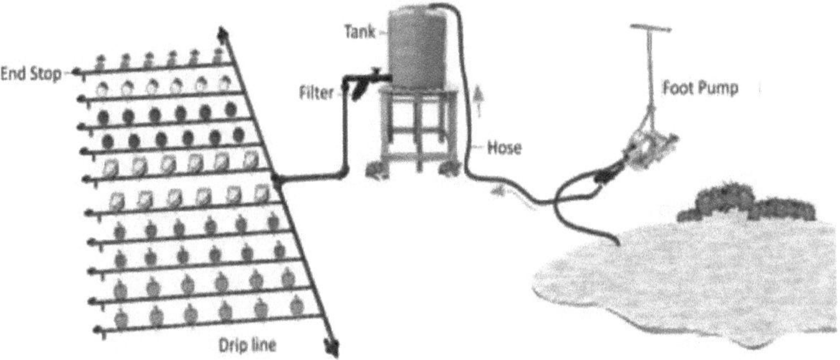

Figure (16) Modificação do esquema da bomba de pé alimentada para encher o tanque do sistema de rega gota-a-gota de cabeça baixa

16.7.2. Modificação da utilização da Energia Solar para o funcionamento do motor de pressão de rega.

No primeiro caso, Figura (17), a energia solar pode ser utilizada para produzir uma quantidade de energia eléctrica a ser utilizada no funcionamento de um pequeno motor elétrico. Este motor é utilizado para acionar o sistema de rega. As células solares recebem a luz do sol durante um longo período de tempo. As células solares convertem esta energia luminosa em energia eléctrica, fazendo funcionar o sistema de rega gota-a-gota. **Ankita *Kashivet al.*, 2016**

No segundo caso, Figura (18), a energia solar é utilizada para produzir energia eléctrica para acionar o motor de elevação da água para o reservatório de água no topo. Este reservatório está a um nível acima da superfície da terra em cerca de 10 metros. A irrigação por gotejamento pode ser operada com este compressor resultante da altura do tanque. **Ankita *Kashivet al.*, 2016**

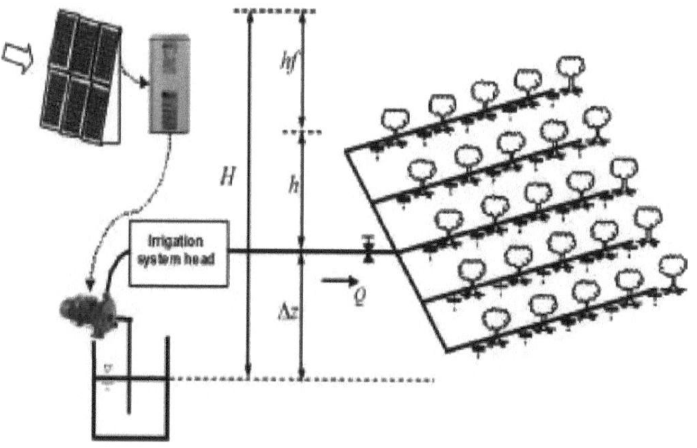

Figure (17) Modificação da utilização da energia solar para alimentar o sistema de rega gota-a-gota

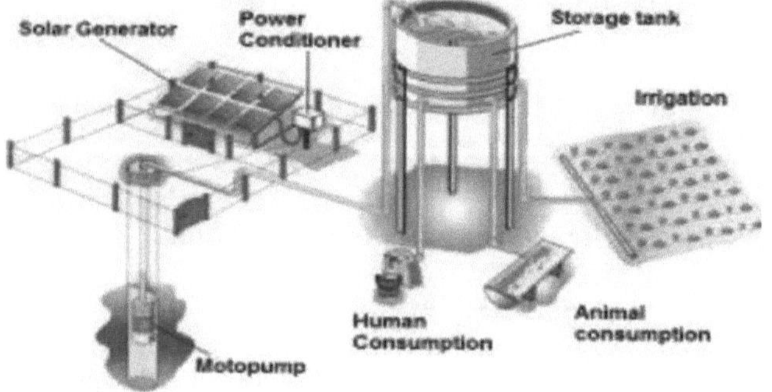

Figure (18) Modificação da utilização da energia solar e da baixa altura manométrica para alimentar o sistema de rega gota-a-gota

18.7.3.Modificação de circuitos fechados de sistemas de rega gota a gota.

Mansour (2012) desenvolveu o sistema de irrigação por gotejamento por modificação chamado de Sistema de Circuitos Fechados Figuras (19, 20, 21) usando modificações nas linhas de tubulação de distribuição e ao mesmo tempo nas linhas de gotejadores como linhas fechadas em vez de linhas de emissores individuais. Circuito fechado com um coletor de sistema de rega gota-a-gota (COMDIS). Sistema tradicional de rega gota-a-gota (TDIS). As linhas de abastecimento fornecem água aos colectores de abastecimento do sistema depois de passarem pela válvula de controlo de zona em sistemas com mais de uma zona. O coletor de abastecimento distribui a água para os tubos gotejadores individuais dentro da zona. As laterais ligam-se depois a um coletor de retorno. Ao longo do coletor de abastecimento e retorno, disjuntores de ar/vácuo são instalados no ponto mais alto dos coletores para permitir a entrada de ar no sistema durante a despressurização **(Netafim, 2002).**

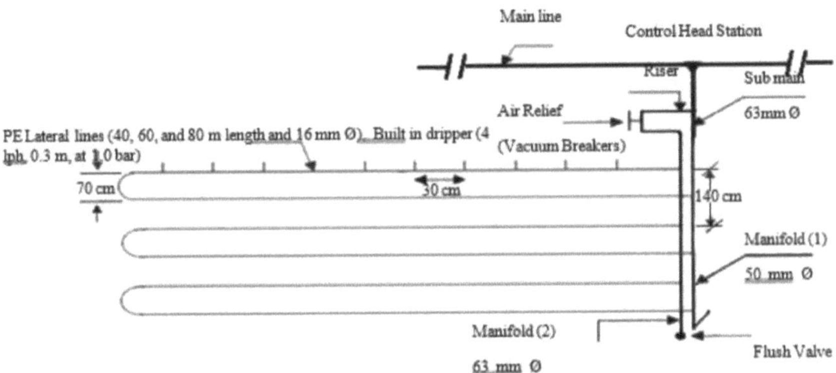

Figure (19)   Esquema do circuito fechado com distribuidores de reboque do sistema de rega gota-a-gota (CM2DIS).

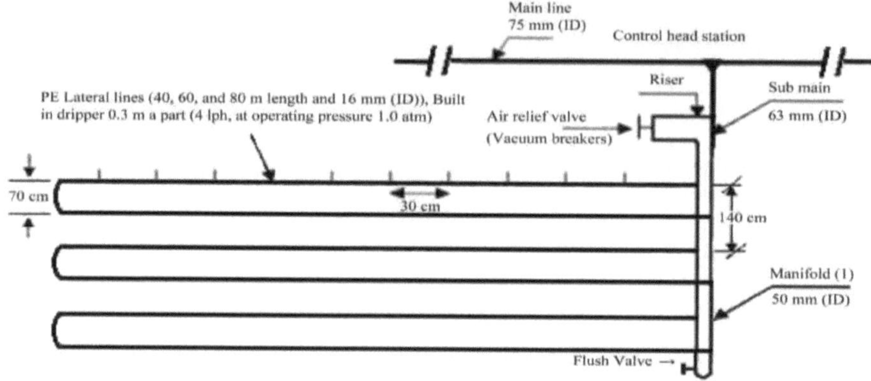

Figure (20)   **Esquema de circuitos fechados com um coletor de gotejamento Sistema de irrigação (CM1DIS).**

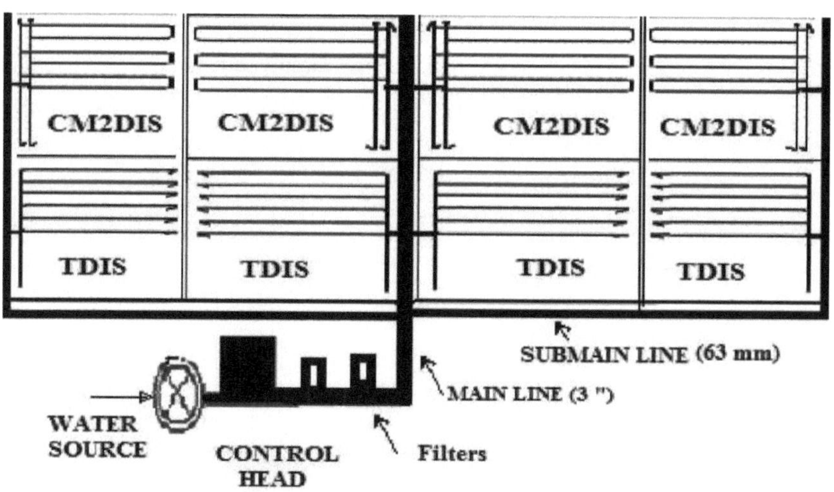

Figura (21) Modificação de Circuitos Fechados para o sistema de rega gota-a-gota

Figure (22) O campo experimental do milho em (SIUC-USA) no sistema farmbyCM2DIS.

22.7.4. Modificação da rega automática baseada na humidade do solo para culturas hortícolas

Rafael *Muftozet al.*, **(2014)**,Uso de irrigação automática por gotejamento para a produção de vegetais Fig (23). No caso da escassez de água e da falta de seus recursos, é necessário preservar os disponíveis, reduzindo a poluição e preservando-os, aumentando a eficiência dos métodos de irrigação para reduzir o desperdício de água e vazamentos profundos. A utilização da irrigação automática por gotejamento com sensores de solo para a produção de produtos hortícolas é uma das tecnologias e desenvolvimentos mais importantes, que reduz a percentagem de águas residuais por fugas profundas ou outras. A disponibilidade de água é de 70% em comparação com os outros métodos famosos, sem uma diminuição na quantidade de produção da cultura, dependendo de alguns factores, incluindo a variação natural do solo, a localização da agricultura, o número de sensores e algumas outras coisas importantes que ajudam a superar o processo de calibração do solo especificamente

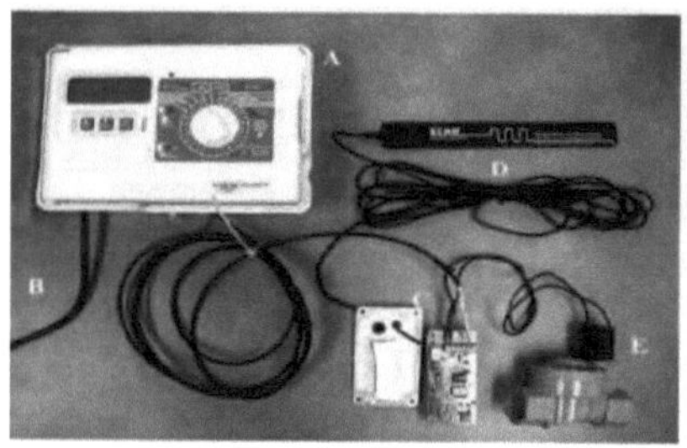

Figure (23) Modificação da rega automática baseada na humidade do solo para culturas hortícolas

1-8. Quimigação,

Badret al. (2015) relataram que a irrigação por gotejamento permite a aplicação de fertilizantes com a água de irrigação, este processo é conhecido como fertirrigação. Embora a adição de fertilizantes em um sistema de irrigação por gotejamento seja bastante simples, várias precauções são necessárias. Ele descobriu também que para uma aplicação bem sucedida de fertilizantes através de um sistema de irrigação por gotejamento, os seguintes requisitos devem ser levados em consideração: 1. o fertilizante deve ser solúvel em água, 2. não precipitar ou, reagir para formar precipitado com outros sais solúveis na água de irrigação, e 3. a aplicação deve colocar o fertilizante na zona radicular no momento certo.

Também deve ser móvel na zona das raízes. As caraterísticas do solo, o estado da humidade, a taxa de descarga, o intervalo de irrigação afectam o estado dos micro e macronutrientes e o tipo de fertilizante adicionado.

Veeranna et al. (2001) estudaram o efeito da fertirrigação e dos métodos de irrigação na malagueta cv. Byadagi Dabba. Fertirrigação por gotejamento de fertilizantes solúveis em água (WSF) a 80% da dose recomendada produziu significativamente maior rendimento de frutos secos de 1268,00 kg ha-1 sobre todos os tratamentos, mas foi a par com a fertirrigação por gotejamento de WSF a 100% da dose recomendada (1237,38 kg / ha). Fertirrigação por gotejamento de FSM a 80% da dose recomendada registrou 22,37 e 31,00% maior produtividade de frutos secos sobre os métodos de irrigação por gotejamento e sulco, respetivamente, mesmo com o mesmo nível e método de aplicação de fertilizante normal. **Threadgill (1991)** relatou que a aplicação de produtos químicos através de sistemas de irrigação apresenta vários benefícios ambientais. Quatro categorias destes potenciais impactos ambientais são: 1) potencial refluxo de produtos químicos para o abastecimento de água de irrigação ou para a superfície do solo em torno do sistema de quimigação, 2) potenciais impactos positivos e negativos sobre o potencial poluente de materiais aplicados por quimigação, 3) potenciais impactos positivos e negativos sobre a segurança do operador, e 4) potenciais efeitos sobre resíduos químicos na produção de alimentos e fibras.

1.9- Custo económico da irrigação:

Os custos de capital para os diferentes sistemas de rega localizada em estudo foram calculados de acordo com o preço de mercado de 2004 para o equipamento e instalação, conforme apresentado no Quadro (1).

O custo anual (fixo e operacional) de diferentes sistemas de rega para explorações vitícolas foi calculado de acordo com **(Worth e Xin, 1983).**

2-Custos de exploração

A-Custos de mão de obra

B- Custos de fertilização

C- Custo do controlo das pragas

D- Custo do controlo das infestantes

3-   Lucro líquido

O lucro económico da cultura da uva sob diferentes sistemas de irrigação foi calculado utilizando a seguinte fórmula, (***Youniset al.*, 1991).**

$$P = (Yt \cdot d) - Ct \quad\ldots\ldots\ldots\ldots\ldots\ldots (1)$$

Onde:

P = lucro líquido, LE/alimentado

Yt = rendimento total, tonelada/alimentação

D = preço de rendimento, LE/tonelada (1250 LE por cada tonelada de uva), e

Ct = custos totais de produção, LE/fed.

Tabela (1): Custos de capital de diferentes métodos de irrigação para a cultura da uva Abdel-Aziz, (2003). (Preços no ano de 2012)

Items	Life(year)	Irrigation systems per feddan		
		Drip	LHB	Gated pipes
Pump and control head	15	800	500	200
Main and sub main lines (PVC)	25	550	450	450
Main flood (PVC) 32mm	15	...	350	...
Stand steel for low head	10	...	100	...
Laterals (PE) 16mm with Built in drippers	5	400	...	...
Gated pipes	10	...	...	550
PE-tubes (bubblers) 8mm	5	...	40	...
Fertigation unit	10	100	100	100
Valves and controllers	10	200	120	30
Total capital costs, LE/fed.	....	2050	1660	1330

4-   Custo da unidade de produção

Foi calculado da seguinte forma:

Custo da unidade de produção, (LE/kg)= Custos totais, (LEfed) ....(2)
Rendimento total, (kg/fed)

Capítulo 2. Culturas agrícolas

Produção 2.1. Factores limitativos:

Ali, (2010) afirma que os principais factores que influenciam o desenvolvimento de instalações de irrigação são os seguintes: Solo, Clima, Irrigação, Topografia, Fonte de água, Cultura(s) a ser(em) cultivada(s), Energia, Mão de obra, Capital, Mercado de mercadorias/produtos, Política e prioridade nacional, Infraestrutura institucional, Fator económico, Aspeto ambiental e Aspeto sociocultural.

Além disso, Fator de rega para a cultura de citrinos, Durante os primeiros 6 meses, as árvores devem ser regadas duas vezes por semana e, posteriormente, de 7 em 7 dias. A bacia de irrigação deve ser aumentada gradualmente à medida que a árvore cresce, de modo a ser sempre ligeiramente maior do que a linha de gotejamento da árvore. Ter cuidado para não danificar as finas raízes superficiais de alimentação.

A quantidade de água necessária depende das condições climatéricas. Condições saturadas e mal drenadas podem provocar o apodrecimento das raízes, o que encurtará a vida das árvores. Por outro lado, uma falta de água pode ter os seguintes efeitos: O stress hídrico durante o início da primavera, enquanto a árvore está a florescer, pode resultar numa queda excessiva de flores e de frutos, e a colheita resultante será pequena. Uma seca grave seguida de boas chuvas pode produzir uma floração e uma frutificação fora de época. Uma falta de humidade durante os meses de outubro a janeiro pode dar origem a frutos ácidos. Não se deve esperar pelos sintomas de stress hídrico para aplicar água. Uma árvore pode sofrer de stress muito antes de aparecerem quaisquer sinais visíveis. Uma ligeira murchidão das folhas é um sinal de falta de água e deve ser evitada.

Se for utilizado um aspersor, devem ser aplicados cerca de 30 mm de água de 7 em 7 dias, dependendo do clima.

2-2. Escolher um sistema de rega:

A seleção de um sistema de rega para um local nem sempre é simples, mas depende de muitos factores. Muitas vezes, os locais são adequados a vários métodos de rega e a seleção final baseia-se em factores como o abastecimento de água, o solo, a topografia, o clima, a cultura, a disponibilidade de mão de obra, a energia, os custos iniciais, os custos de funcionamento, a adaptabilidade às operações agrícolas, a adaptabilidade a outras utilizações, a preferência pessoal e a fiabilidade do fornecedor e do serviço pós-venda.

http://www.irrig8right.com.au/System_Selection/System_Selection.htm.

Cada método e sistema de rega tem uma aplicabilidade, capacidade e limitações específicas no local. Os factores gerais que devem ser considerados são:

1-Culturas a cultivar

2-Topografia ou condições físicas do sítio

3-Abastecimento de água

4-Clima

5-Energia disponível

6-Química

7-Competências operacionais e de gestão

8-Preocupações ambientais

9-Solos

10-Equipamento e custos agrícolas

Seleção do Método e Sistema de Rega Na seleção de um método e sistema de rega, devem ser considerados vários factores. As principais preocupações em Nova Jersey incluem o abastecimento de água disponível, a adaptabilidade às culturas cultivadas, a relação custo-eficácia do sistema, o nível de gestão e os requisitos de mão de obra.

É importante escolher um sistema de rega que se adeqúe tanto à exploração agrícola como ao regante, antes de se proceder à conceção, especificação do equipamento e instalação.

Para fazer uma seleção adequada do sistema, é importante preparar um plano abrangente, que deve cobrir questões económicas e financeiras, legais e regulamentares, ambientais, de propriedade, de água, agronómicas e de recursos humanos. Além disso, deve ser dada uma consideração cuidadosa às capacidades e limitações de todas as potenciais alternativas de sistemas de rega.

Os sistemas de irrigação devem ser concebidos de modo a maximizar a eficiência da utilização da água, a produtividade e a qualidade das culturas, minimizando as necessidades de mão de obra e de capital.

Mesmo que a seleção do sistema e a conceção/instalação tenham sido feitas de forma profissional, uma operação/gestão inadequada pode fazer com que todo o sistema se torne ineficiente. Por outro lado, as práticas de gestão mais eficazes dependem do tipo de sistema de rega e da sua conceção.

As questões mais importantes para todos os regantes são quando regar, quanto aplicar e como melhorar a eficiência. Para obter todos os benefícios de uma boa conceção e gestão do sistema de rega, há muitas considerações que têm de ser tidas em conta na seleção de um sistema de rega. Estas variam de local para local, de cultura para cultura, de ano para ano e de agricultor para agricultor.

A lista seguinte descreve os factores que influenciam a seleção do sistema de rega. Nem todos os itens são igualmente significativos em cada caso, mas o esboço pode servir como uma lista de verificação útil para evitar que factores importantes sejam negligenciados:

a-Considerações físicas

b-Considerações económicas

c-Considerações sociais

2-3. Factores que influenciam a escolha de um sistema de rega:

A escolha na seleção de um sistema de rega para um requisito específico não é fácil, uma vez que os diferentes sistemas têm uma vasta gama de aplicações. Diversos factores desempenham um papel importante na escolha de um sistema e são mencionados a seguir:

Factores a considerar quando se deve escolher entre diferentes sistemas de rega **(Solomon, 1998).**

Físico:

1-Culturas: culturas a cultivar, rotação de culturas, altura da cultura, práticas de lavoura, requisitos de controlo de pragas, requisitos de água e requisitos de controlo climático.

2-Abastecimento de água: fonte, quantidade disponível, qualidade (física, química, biológica), fiabilidade e aplicação (horário, frequência, ritmo e duração)

3-Terreno: Forma e dimensão (ha), obstáculos/limites do terreno e

topografia/ declive, perigo de inundação, via de acesso e aspeto do lençol freático

4-Solo: Textura, uniformidade, profundidade, taxa de infiltração, capacidade de água do solo e resistência de suporte.

5-Clima: precipitação, temperatura, geada, humidade, vento e evaporação.

6. Fontes de energia: tipo, disponibilidade, fiabilidade da peça e do serviço.

Económico:

1-Período de investimento de capital

2-Disponibilidade de crédito e taxas de juro

3-Vida útil do equipamento

4-Custo e inflação: energia, custos de gestão e manutenção, custos de mão de obra, custos de supervisão, gestão e equipamento

5-Fluxo de caixa

6-Eficiência dos sistemas de irrigação

7-Taxa

Institucional:

I - Disponibilidade e fiabilidade da mão de obra

2-Nível de competência e literacia dos trabalhadores

3-A expetativa da autoridade em relação ao desenvolvimento (se aplicável)

4-Nível de controlo de rega necessário

5-Potencial de roubo e vandalismo

6-Saúde

7-Direitos e regulamentação da água

8-Incentivos das autoridades

9-Disponibilidade de equipamento e serviços de apoio

10-Requisitos de manutenção, gestão e instalação dos sistemas

11-Proteção da ecologia.

Está a tornar-se extremamente importante otimizar a eficiência da utilização da água na agricultura (WUE), definida como o rácio entre o rendimento das culturas e a água aplicada. Isto requer uma mudança da maximização da produtividade por unidade de área de terra para a maximização da produtividade por unidade de água consumida. Para maximizar a eficiência do uso da água, é necessário conservar a água e promover o crescimento máximo das culturas. O primeiro requer a minimização de perdas por escoamento, infiltração, evaporação e transpiração por ervas daninhas, através da seleção de métodos de rega adequados. O último objetivo pode ser alcançado através da plantação de culturas/cultivares de alto rendimento bem adaptadas às condições locais do solo e do clima. A otimização das condições de crescimento através de um momento adequado de plantação e colheita, mobilização do solo, fertilização e controlo de pragas também contribui para melhorar o crescimento das culturas. Melhorar a produção irrigada.

(http : //www.fao. org/docrep/005/Y 3918E/y3 918e10.htm).

A agricultura de regadio tem sido uma fonte extremamente importante de produção alimentar nas últimas décadas. Os rendimentos mais elevados que podem ser obtidos através da irrigação são mais do dobro dos rendimentos mais elevados que podem ser obtidos através da agricultura de sequeiro. Mesmo a irrigação com baixos factores de produção é mais produtiva do que a agricultura de sequeiro com elevados factores de produção. Estas são as vantagens de poder controlar, de forma bastante precisa, a absorção de água pelas raízes das plantas.

Mesmo assim, a agricultura de regadio contribui com menos alimentos do que a agricultura de sequeiro. Globalmente, a agricultura de sequeiro é praticada em **83%** das terras cultivadas e fornece mais de 60% dos alimentos do mundo. Em regiões tropicais com escassez de água, como os países do Sahel, a agricultura de sequeiro é praticada em mais de 95% das terras cultivadas. Uma das razões é que, nestas áreas, o desenvolvimento da irrigação convencional de culturas alimentares pode ser extremamente dispendioso e dificilmente justificado em termos económicos.

Há outras razões pelas quais a irrigação convencional não pode continuar a crescer tão rapidamente como tem acontecido nas últimas décadas. Por um lado, o custo real da produção de alimentos por regadio está longe de ser claro, uma vez que, para citar um autor, a irrigação é "uma das actividades mais subsidiadas do mundo". Os custos ambientais dos sistemas de irrigação convencionais também são elevados (e não se reflectem nos preços dos alimentos) - a irrigação de alta intensidade conduz frequentemente ao alagamento e/ou à salinização. Cerca de 30% das terras irrigadas estão atualmente afectadas de forma grave ou moderada. A salinização das áreas irrigadas está a reduzir a área irrigada existente em 1-2% ao ano. Apesar destas reservas, é claro que não só a irrigação continuará a ser utilizada, como também a área irrigada se expandirá.

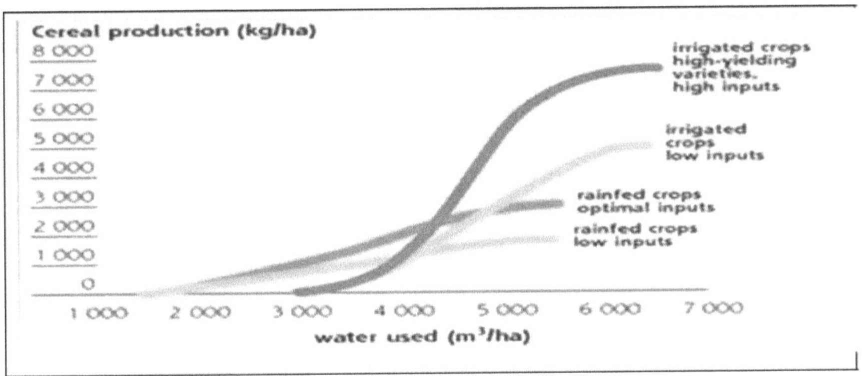

Fig. (24)Rendimentos e necessidades hídricas da agricultura de regadio e de sequeiro

A irrigação tem o potencial de proporcionar rendimentos mais elevados do que a agricultura de sequeiro, mas as necessidades de água são também muito mais elevadas. As duas primeiras técnicas, a irrigação de superfície e a irrigação por aspersão, são conhecidas em conjunto como irrigação convencional. A irrigação por superfície é atualmente, de longe, a técnica mais comum, sendo utilizada sobretudo pelos pequenos agricultores, uma vez que não implica a operação e manutenção de equipamento hidráulico sofisticado. Pela mesma razão, é provável que a irrigação por superfície continue a ser dominante em 2030, apesar de desperdiçar água e ser uma das principais causas de alagamento e salinização.

A rega gota-a-gota e a rega subterrânea são exemplos de rega localizada, uma forma cada vez mais popular de rega em que a eficiência da água é maximizada porque a água é aplicada apenas nos locais onde é necessária, e pouco é desperdiçado. No entanto, a tecnologia não é tudo. Aspectos como a irrigação em pequena escala e a utilização de águas residuais urbanas prometem aumentar a produtividade da água tanto quanto as mudanças na tecnologia de irrigação.

2-4. Chaves para melhorar a eficiência da irrigação:

• reduzir as perdas por infiltração nos canais através do revestimento dos mesmos ou da utilização de condutas fechadas;

- reduzir a evaporação, evitando a rega a meio do dia e utilizando a rega sob a copa das árvores em vez da rega por aspersão;

- evitar a irrigação excessiva;

- controlar as ervas daninhas nas faixas entre fileiras e mantê-las secas;

- plantar e colher em alturas óptimas; e

- regar frequentemente com a quantidade certa de água para evitar o sofrimento das culturas.

As figuras (25 e 26) mostram a comparação entre a eficiência dos sistemas de irrigação tradicionais e desenvolvidos.

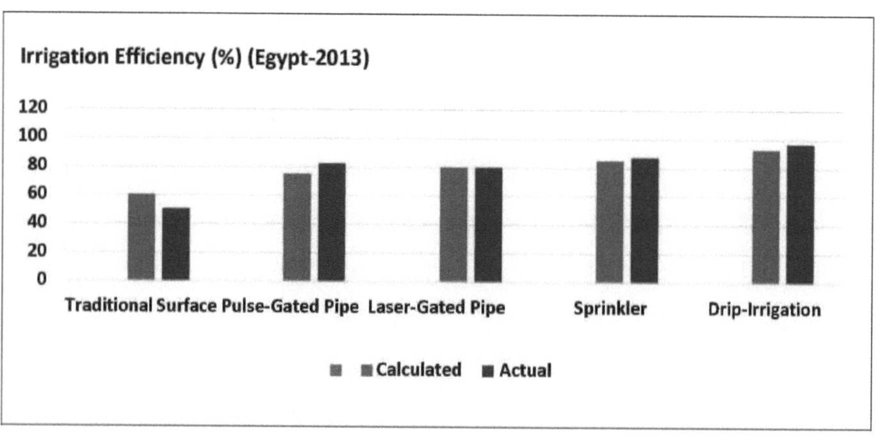

Figure (25)   Eficiência de irrigação de sistemas de irrigação tradicionais e desenvolvidos

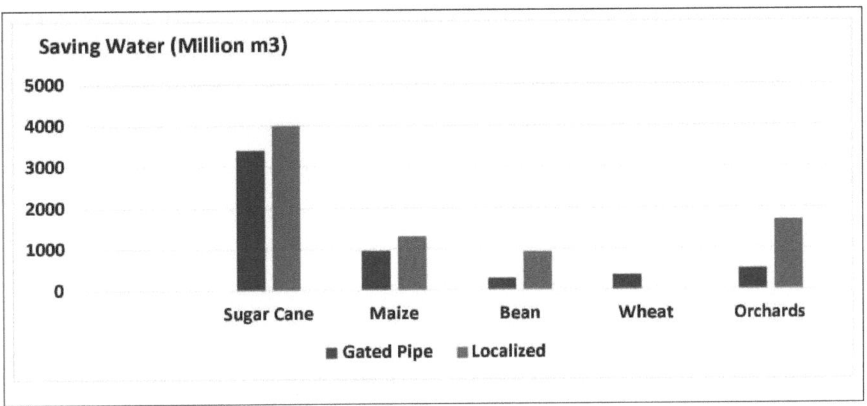

Figure (26)   Eficiência de irrigação de sistemas de irrigação tradicionais e desenvolvidos

Os sistemas de gotejamento, que custam entre 1200 e 2500 dólares por hectare, tendem a ser demasiado caros para a maioria dos pequenos agricultores e para serem utilizados em culturas de baixo valor, mas está a ser feita investigação para os tornar mais acessíveis. Foi desenvolvido um sistema de gotejamento que custa menos de 250 dólares por hectare. As chaves para manter os custos baixos são materiais simples e portabilidade: em vez de cada linha de culturas ter o seu próprio tubo de gotejamento, um único tubo movido de hora a hora pode ser utilizado para irrigar até dez linhas. A irrigação por borbulhagem é outra variação barata que elimina a necessidade de emissores, reguladores de pressão e outros acessórios; em vez disso, permite-se que a água borbulhe em pequenos comprimentos de tubo colocados verticalmente e ligados a tubos de distribuição laterais subterrâneos.

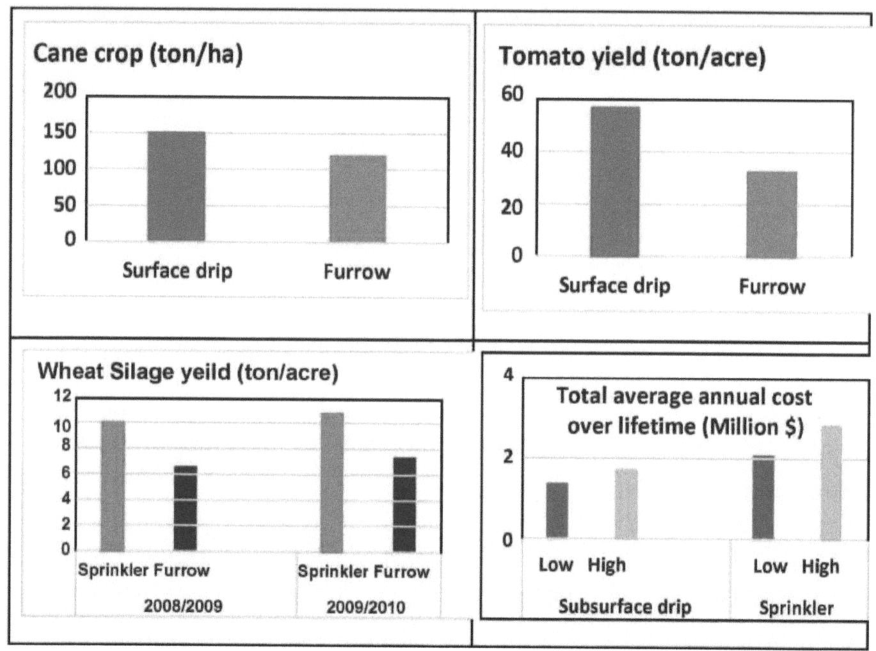

Fig. (27)O efeito dos sistemas de irrigação desenvolvidos em diferentes culturas de rendimento nos EUA.

O rendimento do tomate foi 48% maior nos sistemas DR do que nos sistemas OH, respetivamente, devido presumivelmente às maiores perdas de evaporação da água do solo do sistema OH em relação ao sistema DR e também, propomos, à capacidade do sistema de gotejamento de aplicar com precisão as fertirrigações da estação diretamente na zona radicular da cultura, enquanto as fertirrigações OH foram aplicadas na superfície do solo e em uma área maior. A concentração de sólidos solúveis dos frutos em 2010 foi de 5,99% para o sistema DR e 6,65% para o sistema OH, fornecendo mais evidências de stress hídrico nos tomates OH. Os custos de produção associados à transição de uma cultura de tomate de gotejamento subterrâneo para uma cultura de irrigação por aspersão ou gotejamento de superfície, como a cebola (*Allium cepa*) ou alho (*Allium sativum*) poderia ser de US $ 130 a US $ 420 por acre menor com o sistema OH em comparação com o sistema de gotejamento, se os rendimentos fossem mantidos. Como os custos de operação e mão de obra dos sistemas

OH são tipicamente mais baixos do que os dos sistemas DR

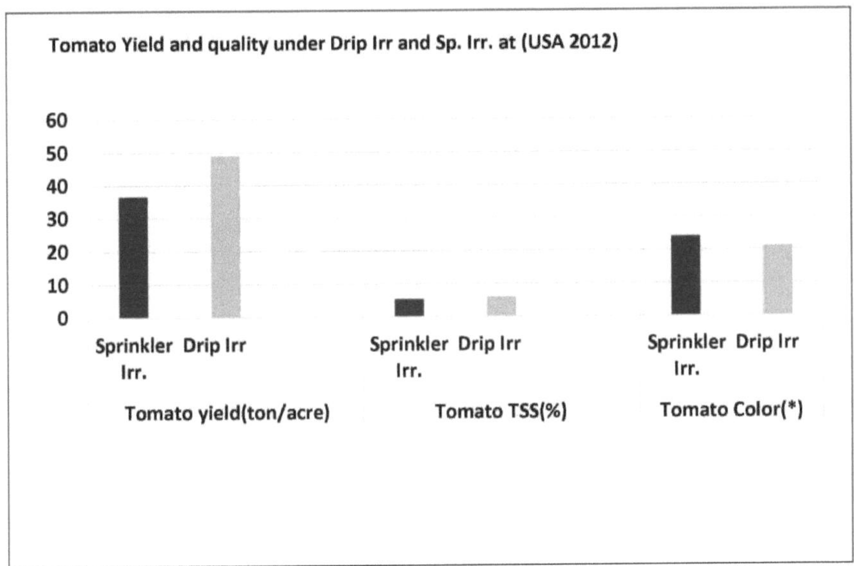

1 A cor é determinada, o número mais baixo indica uma melhor qualidade.

Figura (28) O efeito dos sistemas de irrigação desenvolvidos na produtividade e qualidade do tomate nos EUA.

Superfície total irrigada colhida por tipo de cultura e métodos de irrigação (Recenseamento Agrícola, 2002):

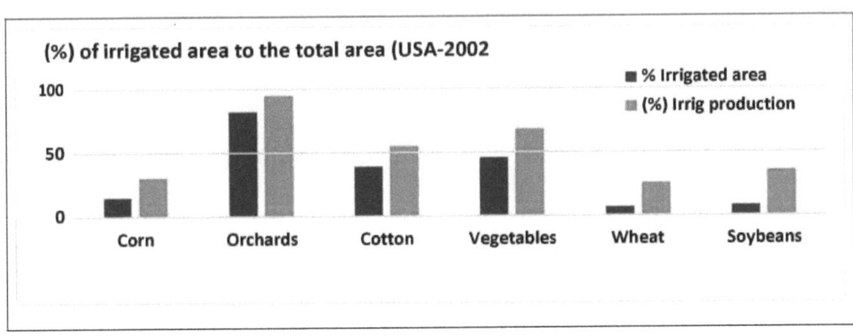

Figure (29) Percentagem da área irrigada e da produção em relação à área total (EUA-2002), *Amossonet al.*,(2002)

Nos EUA, a área total irrigada divide-se em 15% de culturas permanentes, como citrinos, uvas, tamareiras e oliveiras, etc., e 85% de culturas temporárias, como cereais, legumes e forragens. Figuras (30, 31, 32 e 33).

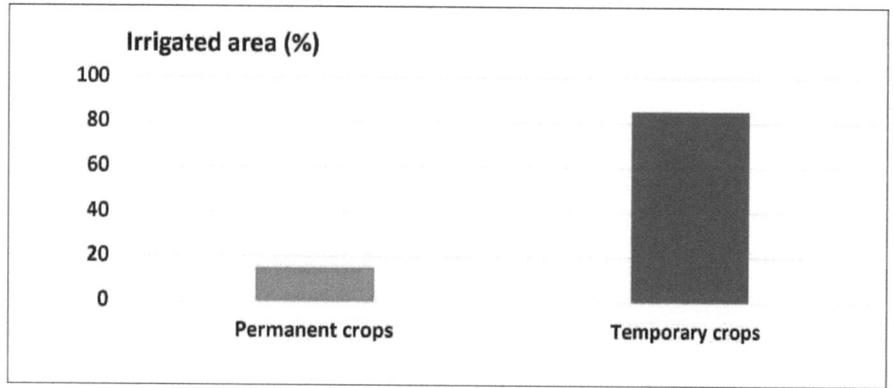

Figure (30)   O efeito das culturas permanentes e temporárias na percentagem de área irrigada nos EUA.

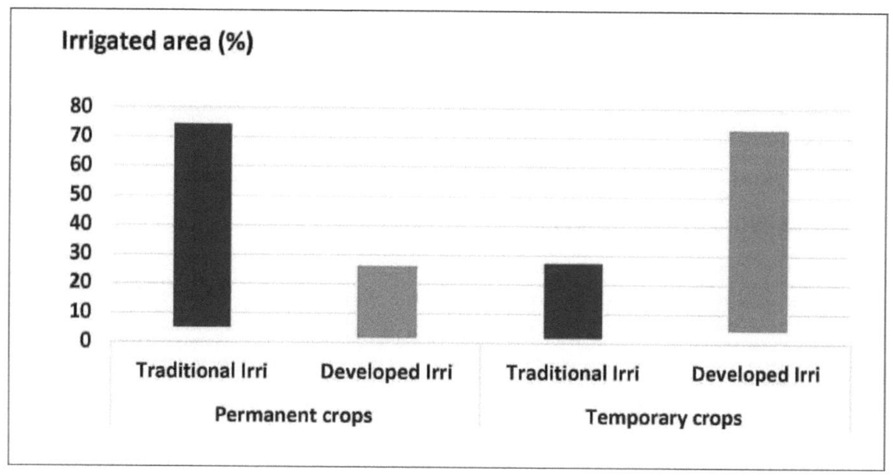

Figure (31)   O efeito da irrigação desenvolvida e tradicional na área irrigada de culturas temporárias permanentes nos EUA.

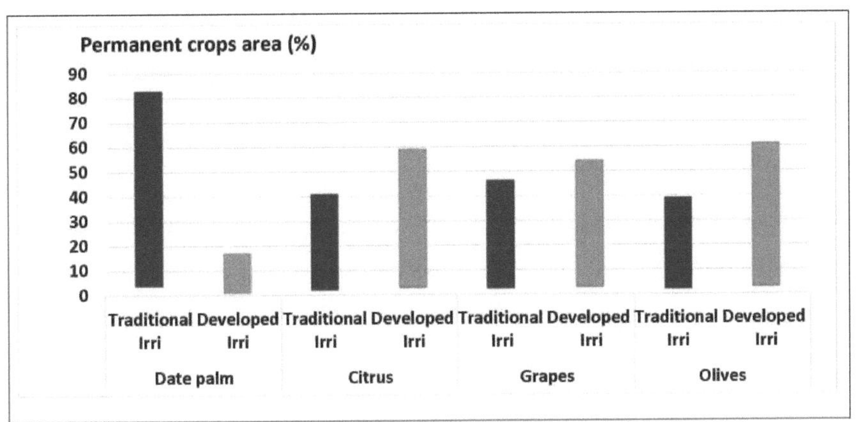

Figure (32)   O efeito da irrigação desenvolvida e tradicional na área irrigada de algumas culturas permanentes nos EUA.

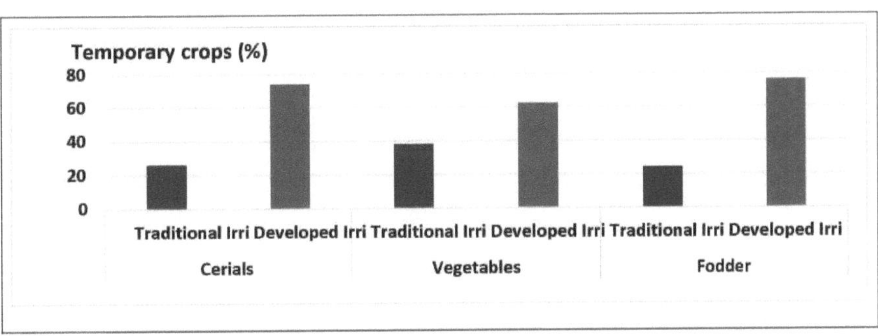

Figure (33)   O efeito da irrigação desenvolvida e tradicional na área irrigada de algumas culturas temporárias nos EUA.

Irrigação em pequena escala:

Uma série de sistemas de irrigação tradicionais e modernos, de pequena escala e suplementares, são bastante promissores para aumentar a produtividade das zonas de sequeiro. Tecnologias como as bombas de pedal podem permitir aos agricultores com poucos recursos gerir os seus próprios sistemas de acordo com as suas necessidades, desde que a água esteja disponível localmente. A bombagem de água com motores diesel ou eléctricos de pequena escala também pode ser mais económica do que os sistemas de grande escala que dependem fortemente do controlo centralizado. Além disso, como os agricultores individuais têm o controlo total dos seus próprios sistemas, podem muitas vezes maximizar a produção para se adaptarem aos seus próprios estilos de vida - algo impossível com sistemas de grande escala,

A necessidade de mais armazenamento

A redução do consumo de água na agricultura e a sustentabilidade dos recursos hídricos é uma questão cada vez mais urgente. A necessidade de desenvolver culturas que necessitem de menos água para produzir um rendimento suficiente, através da compreensão dos mecanismos fisiológicos que determinam o crescimento e a água disponível e a adequação do sistema de irrigação. Temos de considerar plenamente os retornos da irrigação, como parte da introdução de melhorias reais na gestão sustentável da água (**Parry** *et al.* **2005**). Idealmente, como muitos comentadores salientaram, precisamos de reduzir a utilização da irrigação em ambientes quentes e secos, uma vez que é nestes ambientes que a irrigação é mais desperdiçadora, na medida em que produz menos rendimento por unidade de água, devido às elevadas taxas de evaporação. Do mesmo modo, alguns métodos de irrigação são menos eficientes do que outros. Por exemplo, num inquérito recente realizado em Inglaterra, 72% dos agricultores que regavam as culturas de campo utilizavam pistolas de chuva (**Defra 2002**), apesar da sua ineficácia no fornecimento de água às culturas. Em última análise, o objetivo deve ser reduzir a quantidade de água utilizada por unidade de produção obtida. Tal como Kofi Annan, Secretário-Geral da ONU, precisamos de uma Revolução Azul na agricultura que se concentre no aumento da produtividade por unidade de água - "mais colheita por gota" (**UNIS 2000**).

2-5. Sistemas de irrigação e alterações climáticas:

O IPCC define as alterações climáticas como uma mudança no estado do clima que pode ser identificada por alterações na média e/ou na variabilidade das suas propriedades e que persiste durante um período alargado, normalmente décadas ou mais. As alterações climáticas podem dever-se a processos internos naturais ou a forçamentos externos, ou a alterações antropogénicas persistentes na composição da atmosfera ou no uso do solo (**IPCC, 2007a, p. 78**). **(2009)** na região de Cartagena no sudeste de Espanha, uma zona semi-seca onde a produção de uma grande parte dos alimentos depende do processo de irrigação e da utilização de sistemas de rega e a outra depende da chuva, onde 22% da produção de melões no verão e 68% de alface no outono. **Izuka (2006)** disse que houve um declínio na produção de cana-de-açúcar devido às mudanças climáticas devido à falta de chuva e o sistema de irrigação por gotejamento foi direcionado para aumentar a produção e compensar a diminuição devido às mudanças climáticas, a seca e a baixa precipitação causaram o esgotamento das reservas de água subterrânea naquela área. **IWMI, 2010** decidiu que a agricultura deve ser desenvolvida com os sistemas de irrigação mais eficientes e sustentáveis nas áreas causadas pelas alterações climáticas, onde a precipitação é drasticamente diminuída, o que depende de algumas culturas na agricultura e produção, e tomar as previsões climáticas futuras para determinar as áreas que serão afectadas pelas alterações climáticas para escolher o método de irrigação que é adequado para as condições da região e da cultura, com a finalidade de conservar as águas subterrâneas, que é a alternativa disponível para a chuva, o que causou alterações climáticas para uma redução significativa. No âmbito das alterações climáticas, a variação da pluviosidade e da temperatura teria também impacto na irrigação

necessidades de água. Existem muitos métodos para determinar as necessidades de água para irrigação, por exemplo: o Erosion Productivity Impact Calculator **(Williams et al., 1984; Eheart e Tornil,1999)**, o Global Irrigation Model **(Doll, P. 2002, Doll, P.; Siebert, S. 2002)**, o modelo CROPWAT **(Smith,1992, Chung, S.O.; Nkomozepi, T. 2012)** e as funções estocásticas de produção de água para as culturas **(Kloss, 2012)**. A base destes modelos consiste em captar as caraterísticas do consumo de água das culturas em diferentes períodos. Por conseguinte, com base nas caraterísticas de crescimento das culturas, na distribuição da precipitação e da temperatura e na geologia de uma região, de acordo com o modelo de balanço hídrico, as necessidades de água de rega seriam determinadas por simulação.

o abastecimento de água para irrigação é considerado uma das tarefas mais importantes da gestão dos recursos hídricos, pelo que é essencial efetuar uma avaliação do impacto da água para irrigação no contexto das alterações climáticas em Taiwan. É esse o objetivo do presente estudo. A competição pelo abastecimento de água doce existente exigirá uma mudança paradigmática da maximização da produtividade por unidade de área de terra para a maximização da produtividade por unidade de água consumida. Esta mudança exigirá, por sua vez, abordagens de sistemas amplos que optimizem física e biologicamente a irrigação em relação aos esquemas de fornecimento e aplicação de água, fases críticas de crescimento, fertilidade do solo, localização e clima. Os avanços agrícolas incluirão a implementação de estratégias de localização de culturas, a conversão para culturas com maior valor económico ou produtividade por unidade de água consumida, e a adoção de culturas alternativas tolerantes à seca. As tecnologias emergentes de irrigação de precisão, baseadas em GPS, para aspersores autopropulsores e sistemas de micro-irrigação permitirão aos agricultores aplicar água e agroquímicos com maior precisão e num local específico, de acordo com o estado e as necessidades do solo e das plantas, tal como previsto pelas redes de sensores sem fios. Os agricultores terão de ser flexíveis na gestão da taxa, frequência e duração dos fornecimentos de água para afetar com êxito a água limitada e outros factores de produção às culturas. O meio mais eficaz de conservar a água parece ser através de estratégias de irrigação deficitária cuidadosamente geridas, apoiadas por sistemas de irrigação avançados e sistemas de distribuição de água flexíveis e de última geração. Os utilizadores de água não agrícolas terão de ter paciência à medida que as ferramentas que reflectem a mudança paradigmática são actualizadas. Ambos os grupos terão de cooperar e chegar a compromissos à medida que praticam abordagens mais conservadoras ao consumo de água doce.

Capítulo 3. Modelos e Simulação em Sistemas de Rega

3.1. Modelo de simulação HydroCalc para projeto e avaliação hidráulica de sistemas de rega:

Mansour (2012)O HydroCalc é utilizado para projetar sistemas de rega por gotejamento e aspersão, onde todas as caraterísticas do sistema de rega são determinadas para o processo de projeto, tais como a distribuição de pressão e perdas por fricção e descargas ou caudais em todas as linhas, através de cálculos precisos pelas equações de projeto mais importantes conhecidas no mundo. Neste modelo, o HydroCalc é fornecido com entradas para cada parte, tornando fácil e não complicada a realização de operações em cada parte do sistema de irrigação por gotejamento ou aspersão. **Wang *et al.*, (2014) e da Silva *et al.*, (2016).**

Figura (34) Janela de arranque e entradas do modelo HydroCalc

3.2. Modelo de simulação AquaCrop para sistemas de produção de culturas: Descrições do modelo

O AquaCrop é um novo modelo de crescimento de culturas impulsionado pela água

(**Steduto et al., 2009; Raes et al., 2009**). A taxa de crescimento da biomassa é linearmente proporcional ao transpiro através da seguinte equação:

AGB = WP × T_c/ET_o .... [1]

Onde:

AGB é a taxa de biomassa acima do solo; WP é a produtividade da água (biomassa por unidade de água acumulada transpirada); Tc é a transpiração da cultura; e ETo é a evapotranspiração de referência, utilizada para normalizar Tc. O balanço hídrico do solo é efectuado numa base diária, incluindo os processos de infiltração, escoamento superficial, percolação profunda, absorção pelas culturas, evaporação, transpiração e ascensão capilar. O modelo regista a precipitação e a irrigação, e separa a evaporação da transpiração através da percentagem de cobertura do dossel, tal como descrito em pormenor por **Raes et al. (2009)**. O AquaCrop não calcula a ETo, e esta é uma das entradas meteorológicas do modelo.

Figura (35) Janela de arranque do modelo AquaCrop

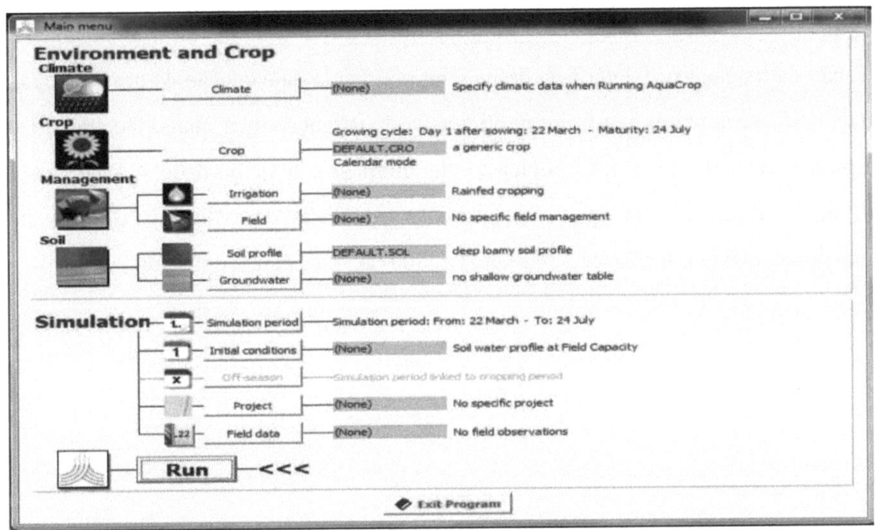

Figura (36) Janela de entrada do modelo de simulação AquaCrop.

Os dados de ETo foram estimados a partir das estações meteorológicas próximas, utilizando a abordagem FAO Penman-Monteith (**Allen et al., 1998**). O stress hídrico é desencadeado pelo teor de água do solo na zona radicular, incluindo três funções de resposta ao stress: redução do crescimento da copa, fecho dos estomas e aceleração da senescência da copa.

O rendimento é determinado através de um índice de colheita dinâmico (HI) que divide a biomassa em rendimento e evolui durante a fase de formação do rendimento até atingir um valor máximo.

O stress hídrico pode aumentar ou reduzir o IH, dependendo do padrão de crescimento da cultura (determinada ou não determinada) e do momento e da gravidade do stress (**Hsiao, 1993; Hsiao et al., 2007; Steduto et al., 2009**).

O AquaCrop apresenta, como parte de qualquer simulação, a estimativa da UDE de consumo para a produção de biomassa (biomassa por unidade de ET) e para o rendimento (rendimento por unidade de ET). Ao analisar a UDE, é importante quantificar os seus componentes. Os resultados das simulações do AquaCrop fornecem toda a informação quantitativa para calcular os passos importantes da eficiência que determinam a UDE global de uma cultura (**Hsiao et al., 2007**). São elas: eficiência da aplicação da irrigação, afetada pela drenagem; eficiência da captação da precipitação, afetada pelo escoamento e drenagem; eficiência da irrigação ou a quantidade de água transpirada em relação à ET; eficiência da biomassa, a quantidade de biomassa produzida por unidade de água transpirada; e eficiência da produção, o rácio da biomassa produzida em relação à biomassa acima do solo, mais conhecida como HI.

4 . Referências:

Abdel-Aziz, A. A. (2003). Possibilidade de aplicação de sistemas de irrigação modernos na antiga exploração de citrinos e retorno económico, J. Agric. Sci. Mansoura Univ., 28 (7) : 5621-5635.

Ali, H (2010). Fundamentals of Irrigation Development and Planning (Fundamentos do Desenvolvimento e Planeamento da Irrigação). Livro. Volume 1. http://www.springer.com/gp/book/9781441963345

Allen,R.G., L.S. Pereira, D. Raes, e M. Smith. (1998). Evapotranspiração das culturas. Diretrizes para o cálculo das necessidades hídricas das culturas. Irrigation and Drainage Paper 56. FAO, Roma.

Amosson, S. H., New, L., Almas, L., Bretz, F., & Marek, T. (2002).Economics of irrigation systemsNo. B-6113). College Station, TX: AgriLife Extension Texas A&M University.

Ankita Kashiv, AviBilala, Naseem Shirazi, Amol Dwivedi, Dr. Rajesh Joshi (2016). Sistema de irrigação por gotejamento solar, Jornal Internacional de Tecnologia Emergente e Site de Engenharia Avançada: www.ijetae.com (ISSN 2250-2459, ISO 9001: 2008 Certified Journal, Volume 6, Edição 160-161.

Badr, M. A., S.D. Abou Hussein e W.A. El-Tohamy (2015) Métodos de aplicação de fósforo e taxa de fertirrigação no rendimento da berinjela e na eficiência do uso de fósforo em solo arenoso. Middle East Journal of Applied, Volume 5, Edição 4: 1055-1060.

Behoteguy, D. e J. R. Thornton (1980). Operação e instalação de um sistema de rega com borbulhador. Convenção de San Antonio C., ASAE paper NO. 80:2059.

Boote, K.J., J.W. Jones, W.D. Batchelor, E.D. Nafziger, e O. Myers. (2003). Coeficientes genéticos no modelo CROPGRO-Soybean: Ligações com o desempenho no campo e a genómica. Agron. J. 95:32–51.

Chung, S.O.; Nkomozepi, T. (2012). Incerteza da necessidade de irrigação de arroz estimada a partir de projecções de alterações climáticas na bacia do rio Geumho, Coreia. Paddy Water Environ. 10, 175-185.

Extensão da Universidade de Clemson. (2007). Equipamento de irrigação: Traveling Gun Systems, South Carolina Irrigation Pages, Clemson Extension. Disponível em: http://www.clemson.edu/irrig/Equip/Trav

da Silva, G.J., R.G.T.M. da Silva, V.A. Silva, E. C. Carità, A.L. Fachin e M. Marins (2016). HydroCalc Proteome: uma ferramenta para identificar caraterísticas distintas de proteínas efetoras, Genetics and Molecular Research 15 (3): 1-5. gmr.15038111

Dakkak, A. (2016), Egypt's Water Crisis - Recipe for Disaster. http : //www.ecomena. org/egypt-water/, Defra, (2002) A survey of irrigation of outdoor crops in 2001-England, (eds E. K. Wetherhead& K. Danert), pp. 4.

Doll, P. (2002). Impacto das alterações e variabilidade climáticas nas necessidades de irrigação: Uma perspetiva global. Clim. Chang. 54, 269-293.

Doll, P.; Siebert, S. (2002). Modelação global das necessidades de água para irrigação. Water Resour. Res. 38, 8-1-8-10.

Eheart, J.W.; Tornil, D.W. (1999). Exacerbação da frequência de baixo caudal por retiradas de irrigação no centro-oeste agrícola sob vários cenários de alterações climáticas. Water Resour. Res. 35,2237-2246.

Evans, R. e Sneed, R.E. (1996). Seleção e Gestão de Sistemas Eficientes de Irrigação por Movimento Manual, Conjunto Sólido e Aspersão Permanente, Boletim EBAE-91-152, Serviço de Extensão Cooperativa da Carolina do Norte. Disponível em: http : //www.bae .ncsu.edu/pro grams/extension/evans/ebae- 91-152.

Haman, D.Z. e Smajstria, A.G. (2010). Dicas de design para irrigação por gotejamento de vegetais, Pub. AE260, University of Florida Extension. Disponível em: http://edis.ifas.ufl.edu/ae093

Hill, R.W. (2000). Wheel-move Sprinkler Irrigation Operation and Management, Bulletin ENGR/BIE/WM/08, Utah State University Cooperative Extension. Disponível em http://extension.usu.edu/files/publications/publication/ENGR BIE WM

08.

Hsiao, T.C. (1973). Respostas das plantas ao stress hídrico. Annu. Rev. Plant Physiol. 24:519–570.

Hsiao, T.C. (1993). Crescimento e produtividade das culturas em relação ao estado da água. Ata Hortic. 335:137–148.

Hsiao, T.C., P. Steduto, e E. Fereres. (2007). Uma abordagem sistemática e quantitativa para melhorar a eficiência do uso da água na agricultura. Irrigation Sci. 25:209–231.

Hsiao, T.C.; Heng, L.; Steduto, P.; Rojas-Lara, B.; Raes, D.; Fereres, E. (2009). AquaCrop-O modelo de cultura da FAO para simular a resposta do rendimento à água: III. Parametrização e testes para o milho. Agron. J., 101, 448-459.

IPPC (Painel Intergovernamental sobre as Alterações Climáticas) (2007a). Anex.II: Glossário do relatório de síntese .A.P.M. Baede, (ed.), IPPC Fourth Assessment Report: Climate Change 2007: Relatório de Síntese. Genebra, IPC.

www.ipcc.ch/pdf/assessment-report /ar4/syr/ar4_syr_appendex.pdf.

IWMI (International Water Management Institute) (2010) Banking on groundwater in times of change. IWMI Water Policy Brief 32, IWMI, Colombo, Sri Lanka, 8 pp. doi:10.3910/2009.203

Izuka SK (2006) Effects of irrigation, drought, and ground-water withdrawals on ground-water levels in the southern Lihue Basin, Kauai, Hawaii. US GeolSurv Sci Invest Rep 2006-5291, 42 pp

Jeffrey P. Mitchell, Anil Shrestha, Karen Klonsky, Tom A. Turini e Kurt J. Hembree (2014) Efeitos do sistema de irrigação aérea e por gotejamento no crescimento e rendimento do tomate no Vale Central da Califórnia. HortTechnology, Vol. 24 No. 6: 637-644

Jiménez-Martinez J, Skaggs TH, van Genuchten MTh, Candela L (2009) A root zone modelling approach to estimating ground- water recharge from irrigated areas. J Hydrol 367:138

King, B.A. e Kincaid, D.C. (1997). Optimal Performance from Center Pivot Sprinkler Systems, BUL-797, Extensão Cooperativa da Universidade de Idaho. Disponível em: http://www.cals.uidaho.edu/edcomm/pdf/BUL/BUL0797

Kloss, S.; Pushpalatha, R.; Kamoyo, K.J.; Schütze, N. (2012). Avaliação de modelos de culturas para simular e otimizar sistemas de irrigação deficitária em países áridos e semi-áridos sob variabilidade climática. Water Resour. Manag. 26, 997-1014.

Lamont, W.J., Orzolek, M.D., Harper, J.K., Jarret, A.R., Greaser, G.L. (2002). Drip Irrigation for Vegetable Production, , Bulletin UA370, Pennsylvania State University Extension. Disponível em: http:// extension.psu.edu/ ag- alternatives/horticultural-production-options

Mansour, H. A., (2006). A resposta dos frutos de uva à aplicação de água e fertilizantes sob diferentes sistemas de irrigação localizada. Dissertação de Mestrado: Tese, Faculdade de Agricultura, Universidade de Ain Shams, Egito.

Mansour, H. A., (2012). Considerações de projeto para circuitos fechados de sistemas de rega gota-a-gota. PhD: Tese, Faculdade de Agricultura, Universidade de Ain Shams, Egito.

Netafim Irrigation, Inc. (2002). Bioline design guild. www.netafim.com, Fresno, CA.

Perkins, J.P. 1989. Eliminação de águas residuais no local. Associação Nacional de Saúde Ambiental, Chelsea, MI: Lewis Publishers, Inc.

New, L. e Fipps, G. (2000). Center Pivot Irrigation, B-6096, Serviço de Extensão Agrícola do Texas. Disponível em http : //itc.tamu.edu/documents/extensionpubs/B6096.pdf

Parry M.A.J, Flexas J, Medrano H. (2005). Perspectivas para a produção vegetal sob seca: prioridades de investigação e direcções futuras. Ann. Appl. Biol. 147:211-226.

Raes, D., P. Steduto, T.C. Hsiao, e E. Fereres. (2009). AquaCrop-0 modelo de cultura da FAO para prever a resposta do rendimento à água: II. Principais algoritmos e descrição do software. Agron. J. 101:438-447 (esta edição).

Rafael Munoz-Carpena e Michael D. Dukes (2014). Irrigação automática baseada na humidade do solo para culturas hortícolas. http://edis.ifas.ufl.edu.

Robert G. E. e E. J. Sadler (2012). Métodos e tecnologias para melhorar a eficiência do uso da água. Water Resources Research, 44(7).

Rogers, D.H. e Sothers, W.M. (1995). Surge Irrigation, Boletim L-912, Extensão da Universidade Estadual do Kansas. Disponível em: http://www.ksre.ksu.edu/mil/Resources/Flood%20Irrigation/l912.

Rogers, D.H. (1995). Managing Furrow Irrigation Systems, Boletim L-913, Extensão da Universidade Estadual do Kansas. Disponível em: http://www.ksre.ksu.edu/mil/Resources/Flood%20Irrigation/L913. pdf verificado em 12/2012USDA/NIFA National Facilitation Project The Role of a 21st Century Engaged University

Schultheis, B. (2005). Maintenance of Drip Irrigation Systems (Manutenção de Sistemas de Irrigação por Gotejamento), University of Missouri Extension. Disponível em: http://extension.missouri.edu/webster/irrigation/Maintenance of Drip Irr igation Systems.

Choque. C. (2006). Irrigação por gotejamento: An Introduction, Bulletin EM 8782-E, Oregon State University Extension. Disponível em: http://ir.library.oregonstate.edu/xmlui/bitstream/handle/1957/20206/em87 82-e.

Smith, M. CROPWAT(1992). A Computer Program for Irrigation Planning and Management; Organização das Nações Unidas para a Alimentação e a Agricultura: Roma, Itália,

Solomon, K. H. 1998. Notas sobre Irrigação. Seleção do Sistema de Irrigação. Universidade Estadual da Califórnia, Fresno, Califórnia. EUA.

Steduto, P., T.C. Hsiao, e E. Fereres. (2007). Sobre o comportamento conservador da produtividade hídrica da biomassa. Irrig. Sci. 25:189−207.

Steduto, P., T.C. Hsiao, D. Raes, e E. Fereres. (2009). AquaCrop−0 modelo de cultura da FAO para prever a resposta do rendimento à água: I. Conceitos e princípios subjacentes. Agron. J. 101:426−437.

Stefania De Pascale, Luisa Dalla Costa, Simona Vallone, Giancarlo Barbieri e Albino

Maggio (2011). Aumentar a eficiência do uso da água na produção de culturas hortícolas: From Plant to Irrigation Systems Efficiency, HortTechnology June, 21 (3) 301-308.

Threadgill, E. D. (1991). Advances in irrigation, fertigation and chemigation proceeding of expert on chemigation/fertigation FAO, Cairo, Egito Sept. 8-11.P 136-155.

Tyson,T.W. e Oakes, P.L. (1995). Calibrating Traveling Guns for Slurry Irrigation, Boletim ANR-925, Alabama Cooperative Extension System. Disponível em: http://www.aces.edu/pubs/docsZA/ANR-0925/

UNIS (2000). Discurso do Secretário-Geral na "Cimeira do Sul" dos países em desenvolvimento, Comunicado de Imprensa do Serviço de Informação das Nações Unidas, 13 de abril de 2000. (Ver www.unis/unvienna.org/unis/pressrels/2000/sg2543.html).

Veeranna, H. K.; G. M. Sujith e A. Khalak (2001). Effect of fertigation and irrigation methods on yield, water and fertilizer use efficiencies in Chilli (Capsicum annuum L.). Cenário em mudança nos sistemas de produção de

culturas hortícolas. Actas de um Seminário Nacional, Coimbatore, Tamil Nadu, Índia, 28-30 de agosto de 2001. Horticultura do Sul da Índia. 2001, 49: Especial, 101-104.

Walker, W.R. (1989). Guidelines for designing and evaluating surface irrigation systems, Food and Agriculture Organization of the United Nations. Disponível em: http : //www.fao.org/docrep/t0231 e/t0231e00.htm#Contents.

Wang Y, Wei X, Bao H e Liu SL (2014). Previsão de efetores secretados bacterianos do tipo IV por caraterísticas C-terminais. http://dx.doi.org/10.1186/1471- 2164-15-50

Williams, J.R.; Jones, C.A.; Dyke, P.T. (1984). Uma abordagem de modelação para determinar a relação entre a erosão e a produtividade do solo. Trans. Am. Soc. Agric. Eng., 27, 129-144.

Worth, B. e J. Xin (1983). Farm mechanization for profit. Granada Publishing, Londres, Reino Unido. 269pp.

Yonts, C.D., e Eisenhauer, D.E., Varner, D.L. (2007). Gestão de sistemas de irrigação por sulcos, Boletim G1338. Extensão da Universidade de Nebraska-Lincoln. Disponível em:

http : //www.ianrpub s.unl.edu/epubl ic/live/g133 8/build/ g1338.

Younis, S. M., M. A., Shaiboone A. O. Aref (1991). Avaliação de alguns métodos mecânicos de produção de arroz no Egito. Misr J. of Agric. Eng., 8(1): 39-49.

I want morebooks!

Buy your books fast and straightforward online - at one of world's fastest growing online book stores! Environmentally sound due to Print-on-Demand technologies.

Buy your books online at
www.morebooks.shop

Compre os seus livros mais rápido e diretamente na internet, em uma das livrarias on-line com o maior crescimento no mundo! Produção que protege o meio ambiente através das tecnologias de impressão sob demanda.

Compre os seus livros on-line em
www.morebooks.shop

Printed by Books on Demand GmbH, Norderstedt / Germany